Made in the USA
Las Vegas, NV
11 September 2022

55096688R00057